Bibliografische Information der Deutschen Nationalbibliothek:

Die Deutsche Bibliothek verzeichnet diese Publikation in der Deutschen National-
bibliografie; detaillierte bibliografische Daten sind im Internet über http://dnb.d-
nb.de/ abrufbar.

Impressum:

Copyright © 2015 GRIN Verlag, Open Publishing GmbH
Druck und Bindung: Books on Demand GmbH, Norderstedt Germany
ISBN: 9783668194205

Dieses Buch bei GRIN:

http://www.grin.com/de/e-book/319357/ausserschulische-lernorte-fuer-das-fach-
chemie-in-und-um-marburg

Julius Martenstein

Außerschulische Lernorte für das Fach Chemie in und um Marburg

GRIN Verlag

INHALTSVERZEICHNIS

1 Einleitung

Diese Ausarbeitung soll im Sinne von zeitgemäßem Unterricht eine Übersicht über Außerschulische Lernorte (ASL) in und um Marburg geben. ASL werden in zunehmendem Maße in das Unterrichtsgeschehen einbezogen und können einen wichtigen Beitrag für den Lernprozess von Schülerinnen und Schülern (SuS) leisten.

Im Folgenden sollen ASL im Allgemeinen kurz kategorisiert werden, bevor einige ASL explizit näher beleuchtet werden. Dies umfasst einerseits eine genaue Charakterisierung des ASL, andererseits werden zusätzliche Informationen auch bzgl. der Internetpräsenz des jeweiligen ASL gegeben.

Ziel dieser Ausarbeitung ist es, eine Verknüpfung neuer Medien – in diesem Fall des Computers – mit der Materie des Chemieunterrichts herzustellen. Die SuS können bspw. mit einem Arbeits- bzw. Informationsblatt eines ASL bereits im Vorfeld einer Exkursion zu ebendiesem eine gezielte Onlinerecherche betreiben. Ist dieser „Kreislauf" erfolgreich, so kann der Besuch des jeweiligen ASL über den Unterrichtsalltag hinaus ein gewinnbringender Zusatz sein.

2 Kategorisierung von Lernorten

Eine exakte Kategorisierung von ASL erweist sich als schwierig, jedoch kann sie nach verschiedenen Eigenschaften erfolgen. Im Folgenden sind drei unterschiedliche Kategorisierungen aufgezeigt, welche gleichzeitig das Problem der exakten Kategorisierung offenbaren:

2.1 Kategorisierung nach Sauerborn & Brühne (2009)

- Die Natur
- Die Kulturwelt
- Orte und Stätte der menschlichen Begegnung
- Die Arbeits- und Produktionswelt

2.2 Kategorisierung des Staatlichen Schulamtes Landkreis Marburg-Biedenkopf

- Primäre Lernorte: extra für das Lernen gestaltete Einrichtungen
    - Bsp.: Museen, Schülerlabore
- Sekundäre Lernorte: dienen in erster Linie einem anderen Zweck
    - Bsp: Betriebe, Arbeitsamt

2.3 Kategorisierung nach der Begegnung mit dem Lerngegenstand

- Unmittelbare Lernorte: direkte Begegnung mit dem Lerngegenstand
    - Bsp.: Wälder, Flüsse
- Mittelbare Lernorte: indirekte Begegnung mit dem Lerngegenstand über die Einbindung von Medien
    - Bsp.: Museen, Messen

Fazit: Bei jeder Kategorisierung von außerschulischen Lernorten zeigen sich Schwächen und eine eindeutige Einordnung ist nicht bei jedem Ort möglich. Daher ist es ratsam, verschiedene Kategorisierungsmöglichkeiten zu Rate zu ziehen.

Darüber hinaus sollte der ASL einige „Gütekriterien" erfüllen, die ebenfalls im Vorfeld durch die betreuende Lehrkraft geprüft werden können. Im nachfolgenden Kapitel soll eine Übersicht über Gütekriterien gegeben werden.

3 Gütekriterien von Außerschulischen Lernorten – Eine Checkliste

3.1 Begutachtung des Lernorts

- Handelt es sich um einen primären oder sekundären Lernort?
- Orientiert sich der ASL inhaltlich an Curricula und Lehrplänen?
- Trägt der ASL zur Kompetenzförderung der SuS bei?
- Welche Lernziele und didaktischen Ziele verfolge ich mit diesem Besuch?
- Rechtfertigt der Nutzen des ASL den zeitlichen Aufwand?
- Werden soziale Kompetenzen gefördert? Wenn ja, welche?
- Ist der ASL motivierend für die SuS? Kann er eine langfristige Motivationssteigerung gegenüber dem Unterrichtsfach erzeugen?

- ➢ Stellt der ASL einen Lebensweltbezug her?

- ➢ Kann durch den ASL eine Handlungsorientierung des Lernens erfolgen?

- ➢ Können die SuS am ASL Selbstständigkeit erlernen?

- ➢ Werden am ASL spezifische Arbeitsweisen erlernt oder vertieft?

- ➢ Bietet der ASL originale Begegnungen/Erfahrungen mit dem Lerngegenstand?

- ➢ Erfolgt das Lernen am ASL in einem authentischen Kontext?

- ➢ Bietet der Lernort verschiedene Lernarrangements (Workshop, Führung, Vortrag, etc.)?

3.2 Lernstoff – Inhalte – Lehrerrolle

- ➢ Muss ich den Besuch des Lernorts inhaltlich vorbereiten?

- ➢ Wie kann ich den Besuch eines ASLs in meinen Unterricht einbetten? (Methodischer Dreischritt!)

- ➢ Welche Inhalte werden am ASL vermittelt?

- ➢ Welche Vorkenntnisse haben die SuS?

- ➢ Welche Rolle nehme ich als Lehrperson vor Ort ein?

- ➢ Welche Lehrer_Innen-Kompetenz ist gefragt?

- ➢ Gibt es vor Ort eine professionelle Anleitung durch Mitarbeiter_Innen? Sind diese pädagogisch geschult?

3.3 Der Lernort in Bezug auf SuS und Unterricht

- ➢ Welche Funktion schreibe ich dem Lernort im Rahmen der Unterrichtseinheit zu?

- ➢ Ist der außerschulische Lernort gegenüber der Schule andersartig gestaltet und bietet Abwechslung für die SuS?

- ➢ Wie gehe ich mit lernschwächeren SuS um? Gibt es eine Binnendifferenzierung?

- ➢ Werde ich die Leistungen meiner SuS bewerten? Wenn ja, wie?

- ➢ Welche Lernkanäle der SuS werden angesprochen?

- ➢ Müssen die SuS mit gewissen Methoden/Materialien/Geräten etc. bereits vertraut sein?

- ➢ Wie erfolgt die Ergebnissicherung am ASL?

3.4 Organisatorische Fragen

- Ist eine Anmeldung erforderlich? Wie weit im Voraus muss diese erfolgen?

- Gibt es eine Begrenzung der Teilnehmerzahl?

- Wer ist mein/e Ansprechpartner/in?

- Welche Kosten entstehen?

- Auf welchem Weg erfolgt die Anreise?

- Welchen zeitlichen Umfang nimmt der Besuch des ASLs in Anspruch?

- Sind Materialien vor Ort vorhanden oder muss etwas mitgebracht werden?

- Auf welchem Weg werden die Eltern/der Elternbeirat informiert?

- Ist die Schulleitung informiert? Habe ich eine Genehmigung eingeholt?

- Gibt es rechtliche Besonderheiten die ich beachten muss?

- Gibt es die Möglichkeit mehrfach zu diesem Lernort zurückzukehren?

- Kenne ich den Lernort bereits oder muss eine Vorexkursion vorgenommen werden?

- Gibt es bereits eine Kooperation zwischen Schule und Lernort?

- Kann ich in der Schule, oder anderswo, auf eine Informationssammlung bezüglich des Lernorts zurückgreifen?

- Werden weitere Aufsichtspersonen benötigt?

- Müssen Besonderheiten oder Sicherheitsaspekte beachtet werden? (Bsp. Kleidung)

- Ist der ASL barrierefrei und für Menschen mit Behinderung geeignet? Gibt es in diesem Bereich spezielle Angebote?

- Bietet der ASL bestimmte Materialien für den Unterricht an?

- Gibt es die Möglichkeit persönliche Gespräche zur Vorbereitung zu führen?

- Gibt es (falls nötig) Ausweichmöglichkeiten bei schlechtem Wetter oder ähnlichem?

4 Außerschulische Lernorte für das Fach Chemie in und um Marburg

Auf den nachfolgenden Seiten sollen einige wenige außerschulische Lernorte in und um Marburg vorgestellt werden. Diese Liste kann und soll dabei keinerlei Anspruch auf Vollständigkeit erheben. Sie ist vielmehr dazu gedacht, einen ersten Überblick über das Angebot von ASL in Hessen, speziell im Kreis Marburg und für das Fach Chemie zu geben. Durch den Zusatz der Gütekriterien, der Checkliste und des Planungsbogens (s. Kapitel 3 & 5) soll es so möglich sein, die einzelnen ASL gewinnbringend in den Fachunterricht einzubinden.

Eine Exemplarische Anleitung für den Gebrauch dieses „Readers" könnte folgendermaßen aussehen:

- ➢ Die Lehrkraft entscheidet sich dazu, einen ASL zum Wahlthema Elektrochemie (Q4 LK) zu besuchen.
- ➢ Mit Hilfe des Readers und den in den Steckbriefen vorgestellten Themen, kann eine Vorauswahl an geeigneten Lernorten getroffen werden.
- ➢ Unter Hinzuziehung der Gütekriterien & Checkliste kann der für das gewählte Thema am besten geeignete ASL identifiziert werden.
- ➢ Die Lehrkraft beginnt auf Grundlage des Planungsbogens die Planung der konkreten Umsetzung.
- ➢ Die SuS werden über den bevorstehenden Ausflug zum gewählten ASL informiert und beginnen selbstständig im Voraus eine Internetrecherche zum Wahlthema und dem ASL selbst.
- ➢ Unterstützend kann die Lehrkraft die nachfolgend ausgeführten Informationen an die SuS ausgeben.
- ➢ Durch die gezielte Vorbereitung der Lehrkraft einerseits und der SuS andererseits ist eine für den Unterricht im Allgemeinen und für die SuS im Speziellen gewinnbringende Durchführung des Ausflugs zum ASL möglich.

4.1 Chemikum

Name: Chemikum Marburg

Adresse/Ort: Bahnhofstraße 7, 35037 Marburg

Kontaktdaten: Telefon: +49 6421 2825252, E-Mail: info@chemikum-marburg.de

Beschreibung des Lernorts:

Chemikum Marburg versteht sich in erster Linie als ***MINT-Bildungseinrichtung*** für Kinder und Jugendliche sowie die interessierte Öffentlichkeit. Es ist kein Museum, sondern ausdrücklich ein ***Mitmachlabor***, in dem der handlungsorientierte Umgang mit Fragestellungen aus Chemie, Biologie, Pharmazie, Physik und Informatik stark im Vordergrund steht. Nicht also das Schaffen von vordergründigem Wissen, sondern Handlungsbefähigung, Ruhe und Selbstbewusstsein beim Experimentieren sowie Zeit zum Nachdenken über mehr oder weniger alltägliche naturwissenschaftliche Fragen und Phänomene sind die Zielsetzungen. Damit steht in Verbindung, dass bei jungen Besuchern Interesse und nachhaltige Motivationen geschaffen werden sollen und sie im Idealfall entdecken, dass naturwissenschaftlich-technisches Arbeiten Freude bereiten und gegebenenfalls auch ihre Begabungen wecken kann. Erreicht sie diese Erfahrung in einem bestimmten Alter, kann sich der Wunsch formen, einen Ausbildungsberuf oder ein Hochschulstudium im MINT-Bereich anzustreben.

4.1.1 Steckbrief

Fächer:	Chemie
Themen:	Aktuell - Krimilabor, Workshop Informatik, Juli "Wasser-wochen"
Altersklasse:	Für alle Altersstufen ab 4 Jahren, alle Schulformen
Wartezeitraum:	Mit wenigen Ausnahmen auch kurzfristige Terminvereinbarungen möglich.
Max. Teilnehmerzahl:	Klassenstärke
Preis pro Person:	6 €, ab Gruppen von 12 Personen
Fahrtzeit ab MR Hbf:	Wenige Minuten Fußweg vom Hauptbahnhof entfernt
Materialien vorhanden:	Keine Materialien online
Rolle der Lehrperson:	Assistent/innen der Einrichtung betreuen Versuche
Besonderheiten:	Spezielle Versuche für sehbehinderte und blinde Menschen vorhanden
Link:	http://www.chemikum-marburg.de

4.2 Liebigmuseum

Name: Liebigmuseum Gießen

Adresse/Ort: Liebigstraße 12, 35390 Gießen

Kontaktdaten: Telefon: +49 641 76392

Beschreibung des Lernorts:

Das Justus-Liebig-Museum ist das historische Labor des Chemikers Justus von Liebig, in dem er von 1824 bis 1852 gewirkt hat. Zunächst blieb das Laboratorium aus reinem Geldmangel, dann aber im Wesentlichen auf Grund der Umsicht einzelner Personen quasi unverändert erhalten. Es wird heute als ein Glücksfall verstanden, so dass das Liebig-Laboratorium zu den 10 wichtigsten Museen für die Geschichte der Chemie gezählt wird. Um die historische Bausubstanz zu erhalten, sind große finanzielle Anstrengungen notwendig, die durch die Justus Liebig-Gesellschaft zu Gießen e.V. auf Grund von Beiträgen und Spenden erbracht werden. In Würdigung dieser Anstrengungen wurde das Museum in das Programm „Historische Stätten der Chemie" aufgenommen.

4.2.1 Steckbrief

Fächer:	Chemie
Themen:	Alte Labore von Justus von Liebig, Experimentalvorlesung (Themen wählbar)
Altersklasse:	5. - 13. Klasse
Wartezeitraum:	Kurzfristige Terminvereinbarung möglich.
Max. Teilnehmerzahl:	40 Personen
Preis pro Person:	Bei Schülergruppen 2 € p.P.
Fahrtzeit ab MR Hbf:	**Zug** 0:16 h - 0:29 h
Materialien vorhanden:	http://www.liebig-museum.de/dokumente/historische_staetten.pdf
Rolle der Lehrperson:	Betreuer/in
Link:	http://www.liebig-museum.de

4.3 XLAB Göttingen

Name: XLAB Göttingen

Adresse/Ort: Justus-von-Liebig-Weg 8, 37077 Göttingen

Kontaktdaten: Telefon: Sekretariat: +49 551 3912872,

Kursanmeldung: +49 551 3912873

E-Mail: xlab@xlab-goettingen.de

Beschreibung des Lernorts:

Das XLAB ist eine Bildungseinrichtung an der Schnittstelle von Schule und Hochschule. Mit über 12.000 Kursteilnehmern pro Jahr ist es das größte Schülerlabor Deutschlands. Auswärtige Schüler haben die Möglichkeit, in der Nähe zu übernachten und auf dem Campus und in der Mensa mit dem studentischen Leben in Kontakt zu kommen. Träger des XLAB ist der XLAB e.V. Zahlreiche Förderer und Sponsoren engagieren sich für bestimmte Veranstaltungen.

Das XLAB geht neue Wege in der naturwissenschaftlichen Bildung.

Die Schüler, die ins XLAB kommen, machen eine völlig andere Erfahrung mit den Naturwissenschaften als in der Schule. Die Schule muss sich häufig mit der bloßen Weitergabe von Wissen und modellhaften Darstellungen begnügen. Naturwissenschaftliche Erkenntnisse entstehen jedoch durch planvoll durchgeführte und ausgewertete Experimente.

- Konzentration auf eine Fragestellung pro Kurstag (in der Regel acht Stunden), enge Verzahnung von Praxisphasen und Theorieblöcken.
- Jeder Kursteilnehmer experimentiert selbst.
- Ergebnisse werden reproduziert, ausgewertet und diskutiert.
- Kurse werden durch Fachwissenschaftler konzipiert und durchgeführt, unterstützt von technischen Assistenten. Der Lehrer ist nur Beobachter.
- Labore sind wissenschaftsnah ausgestattet.

➢ Skripte sind in ihrer Gliederung an naturwissenschaftliche Publikationen ange-
lehnt.

➢ Enge Zusammenarbeit mit Forschungseinrichtungen als Partner des XLAB ga-
rantiert die Aktualität der Kurse.

Wer im XLAB experimentiert hat, kann sich begründet für oder gegen ein naturwissen-
schaftliches Studium entscheiden, weil er die Arbeitsweise der Naturwissenschaften und
die eigenen Fähigkeiten kennen gelernt hat.

4.3.1 Steckbrief

Fächer:	Chemie, Informatik, Biologie, Physik, Geowissenschaften
Themen:	<u>Chemie:</u> Anorganik, Analytik, Elektrochemie, Organik, Physikalische Chemie u.v.m.
	<u>Informatik:</u> Kryptographie, IT-Sicherheit, Roboter, Simulationen u.v.m.
	<u>Biologie:</u> Anatomie, Biochemie, Biophysik, Evolution, Immunsystem u.v.m.
	<u>Physik:</u> Astrophysik, Atomphysik, Laser, Optik, Radioaktivität u.v.m.
	<u>Geowissenschaften:</u> Geochemie, Geologie, Mineralogie, Geographie
Altersklasse:	8. bis 13. Klasse
Wartezeitraum:	Unterschiedlich, abhängig von gewähltem Thema.
Max. Teilnehmerzahl:	Zwischen 16 und 24 Teilnehmer/innen
Preis pro Person:	Ganzer Tag (9-17 h) pro Schüler/in 15 €
Fahrtzeit ab MR Hbf:	Zug: 2,5 h, Bus: 2 h
Materialien vorhanden:	Skripte gegen Gebühr vorhanden, kosten zwischen 1-3 €
Rolle der Lehrperson:	Betreuer/in
Besonderheiten:	

> ➤ Kurse zur Abiturvorbereitung für SuS.

> ➤ Feriencamps zu speziellen Themen für einzelne SuS.

> ➤ Es werden Lehrerfortbildungen zu einzelnen Themen angeboten.

Link:	http://www.xlab-goettingen.de/xlab.html

4.4 Goethe Schülerlabor

Name: Goethe Schülerlabor Uni Frankfurt

Adresse/Ort: Campus Riedberg, Max-von-Laue-Straße 9, 60439 Frankfurt am Main

Kontaktdaten: Telefon: +49 69 79829456, E-Mail: info@goethe-labor.de

Beschreibung des Lernorts:

Das Schülerlabor Chemie am Campus Riedberg ist eine Initiative der Chemischen Institute der Goethe-Universität Frankfurt am Main.

Als außerschulischer Lernort hat das Goethe-Schülerlabor die Aufgabe, Kindern und Jugendlichen im Großraum Frankfurt Möglichkeiten zu bieten, Naturwissenschaften an der Universität zu erleben und eigenständig zu experimentieren. Dabei sollen die Schülerinnen und Schüler auch die Forschungseinrichtungen am Campus Riedberg kennen lernen. Ziel ist es, durch unterschiedliche Programme ein breites Spektrum an Förderung für Schülerinnen und Schüler in den Naturwissenschaften, insbesondere im Bereich Chemie zu erreichen.

Die unterschiedlichen Angebote richten sich an Schulklassen, Oberstufenkurse, Schüler-Projektgemeinschaften und auch an einzelne, besonders interessierte und leistungsbereite Schülerinnen und Schüler. Für die jeweiligen Zielgruppen werden Tagesveranstaltungen, Wochenkurse, Halbjahresprojekte und ein dreijähriges NaWi-Konservatorium angeboten.

4.4.1 Steckbrief

Fächer:	Chemie, Physik
Themen:	<u>Chemie:</u> Elektrochemie, Kohlenwasserstoffe, Kohlenhydrate, Fette u.v.m.
	<u>Physik:</u> Bewegung, Kriminalistik, Biomechanik, Auge u.v.m.
Altersklasse:	5. - 13. Klasse
Wartezeitraum:	Erst ab Schuljahr 2015/16 wieder Termine frei.
Max. Teilnehmerzahl:	20 - 25 Teilnehmer/innen
Preis pro Person:	ca. 4 €
Fahrtzeit ab MR Hbf:	Zug: ca. 1:45 h, Bus: ca. 1 h
Materialien vorhanden:	Info zu jedem Versuchstag mit Auflistung der Themen und Experimente, sowie Einordnung in den Lehrplan.
Rolle der Lehrperson:	Betreuer/in
Besonderheiten:	Ferienkurse für einzelne SuS
Link:	http://www.uni-frankfurt.de/53459061/400_SchuelerLabor

4.5 Merck TU Juniorlabor

Name: Merck TU Darmstadt Juniorlabor

Adresse/Ort: Gebäude L2|05, Alarich-Weiss Str. 12, 64287 Darmstadt

Kontaktdaten: Telefon: +49 6151 162292,

E-Mail: nikolaus@ac.chemie.tu-darmstadt.de

Beschreibung des Lernorts:

Das Pharma- und Chemieunternehmen Merck KGaA und die Technische Universität Darmstadt investierten in ein gemeinschaftliches Schülerlabor, um noch mehr Begeisterung und Verständnis für Naturwissenschaften zu wecken, den Nachwuchs gezielt und praxisnah zu fördern und um ein Angebot zur Fortbildung von Lehrkräften zu unterbreiten. Es ist bundesweit das erste Schülerlabor, das von einer Universität und einem Industrieunternehmen gemeinsam konzipiert und betrieben wird.

Das „Merck – TU Darmstadt – Juniorlabor" wurde am **5. September 2008** auf rund 205 Quadratmeter Fläche im Fachbereich Chemie der TU Darmstadt im Gebäude der Anorganischen Chemie eröffnet.

Die Veranstaltungen im Juniorlabor sind für die Teilnehmer kostenlos.

4.5.1 Steckbrief

Fächer:	Chemie
Themen:	Reaktionskinetik, chemisches Gleichgewicht, Destillation, Kunststoffe, Luft, Eloxal-Verfahren, Stofftrennung, Arzneimittel
Altersklasse:	3. - 13. Klasse
Wartezeitraum:	Termine einige Wochen im Voraus buchen.
Max. Teilnehmerzahl:	30 SuS
Preis pro Person:	Kostenlos
Fahrtzeit ab MR Hbf:	Zug: ca. 1:45 h, Bus: ca. 1:30 h
Materialien vorhanden:	nein
Rolle der Lehrperson:	Betreuer/in
Besonderheiten:	Lehrerfortbildungen
Link:	http://www.juniorlabor.tu-darmstadt.de/merck_tudarmstadt_juniorlabor_jlab/index.de.jsp

4.6 BASF Schülerlabore

Name: BASF Schülerlabore

Adresse/Ort: Karl-Müller-Straße 1, 67056 Ludwigshafen

Kontaktdaten: Telefon: +49 621 6074371, E-Mail: andrea.dornik@basf.de

Beschreibung des Lernorts:

In den fünf Schülerlaboren können Schülerinnen und Schüler aller Jahrgangsstufen unter fachlicher Anleitung experimentieren. Vom Grundschulkind bis hin zum Abiturient werden spezielle, altersgerechte Versuche bereitgehalten.

Bei der BASF können jedes Jahr über 18.000 Schülerinnen und Schüler eigenständig experimentieren. In den beiden Kids' Labs machen die Kinder von der ersten bis sechsten Klasse ihre ersten chemischen Gehversuche. Die drei Teens' Labs stehen für die älteren Klassenstufen zur Verfügung und unterteilen sich ihrerseits in ein Mittelstufen-, Oberstufen- und Biotechlabor.

4.6.1 Steckbrief

Fächer:	Chemie, Biologie, Physik
Themen:	Säure-Base-Chemie, Titrationen, Nanotechnologie, Farbstoffe, Kunststoffe u.v.m.
Altersklasse:	Klasse 1 - 13
Wartezeitraum:	Unterschiedlich, abhängig vom gewählten Themenbereich.
Max. Teilnehmerzahl:	24 SuS
Preis pro Person:	keine Angaben
Fahrtzeit ab MR Hbf:	Zug: ca. 3 h, Bus: ca. 2 h
Materialien vorhanden:	Materialien und Lerneinheiten zu verschiedenen Themen vorhanden (Lernen mit BASF).
Rolle der Lehrperson:	Betreuer/in
Besonderheiten:	NUR FÜR SCHULEN IM RHEIN-NECKAR KREIS!!!!!!!

- Lehrerfortbildungen
- Ferienkurse
- Betriebswirtschaftliches Planspiel ab Klasse 10
- Virtual Lab - http://basf.kids-interactive.de

Link: http://www.standort-ludwigshafen.basf.de/group/corporate/site-ludwigshafen/de/about-basf/worldwide/europe/Ludwigshafen/Education/Schuelerlabore_der_BASF-/index

4.7 Technoseum

Name: Technoseum Mannheim (Labor und Museum)

Adresse/Ort: Museumsstr. 1, 68165 Mannheim

Kontaktdaten: Telefon: +49 621 42989, E-Mail: info@technoseum.de

Beschreibung des Lernorts:

Mehr als die Hälfte der Besucher des TECHNOSEUM sind Schülerinnen und Schüler – aus sämtlichen Altersklassen und allen Schularten. Das Museum ist für Schulen in Baden-Württemberg, Hessen und Rheinland-Pfalz ein viel besuchter Ort des Lernens jenseits des Klassenzimmers: Hier kann man eine interaktive Führung zur Industrialisierungsgeschichte ebenso buchen wie ein Angebot, das sich "Rund ums Rad" dreht. Außerdem können die Lebens- und Arbeitsbedingungen der Menschen vergangener Zeiten an verschiedenen Vorführstationen, wie etwa an historischen Druckerpressen, erlebt werden. Auch das Museumsschiff steht als größte Exponat und Ausstellungsort für Erkundungen bereit. Und wer schon immer mal zum Mars reisen oder einen Roboter konstruieren wollte, der ist im museumseigenen Laboratorium genau richtig. Und nicht nur für Schüler gibt es jede Menge Angebote – auch für Erzieherinnen und Erzieher oder Lehrkräfte veranstaltet das TECHNOSEUM regelmäßig Fortbildungen zu ganz unterschiedlichen Themen.

Einen Roboter programmieren, eine Handcreme und Fruchtgummi herstellen – das sind nur einige der Dinge, mit denen sich die Schülerinnen und Schüler in den Workshops beschäftigen. Ergänzend zum Unterricht in der Schule können sie im TECHNOSEUM naturwissenschaftliche Grundprinzipien in abwechslungsreichen Versuchen kennen lernen und ihr vorhandenes Wissen erweitern.

4.7.1 Steckbrief

Fächer:	Chemie, Physik
Themen:	<u>Chemie:</u> Chemiedetektive, Herstellung von Kosmetika
	<u>Physik:</u> Sonnensystem, Funktionsweise Getriebe, Robotik, Radioaktivität u.v.m.
Altersklasse:	5. - 13. Klasse
Wartezeitraum:	ca. 4 Wochen im Vorfeld anmelden
Max. Teilnehmerzahl:	30 SuS
Preis pro Person:	ca. 2 - 6 €, Programm dauert 2, 4 oder 6 h; Führung pauschal 80 €
Fahrtzeit ab MR Hbf:	Zug: ca. 2:30 h, Bus: ca. 2 h
Materialien vorhanden:	nein
Rolle der Lehrperson:	Betreuer/in
Besonderheiten:	Führungen für Sehbehinderte, Lehrerfortbildungen
Link:	http://www.technoseum.de

4.8 Sanofi Genomix Labor

Name: Sanofi Genomix Labor

Adresse/Ort: Industriepark Höchst, 65926 Frankfurt am Main

Kontaktdaten: Telefon: +49 69 305 30166, E-Mail: genomix@sanofi.com

Beschreibung des Lernorts:

Bei „Genomix" können Schüler unter fachlicher Anleitung erste praktische Erfahrungen mit gentechnischen Arbeitsmethoden sammeln. Dabei üben sie eine so genannte Restriktionsanalyse, den ersten Arbeitsschritt beim Ermitteln eines „genetischen Fingerabdrucks": Die Schüler zerschneiden mit Hilfe von Enzymen vier verschiedene DNA-Proben, lassen sie in einem elektrischen Feld wandern, färben sie an, machen sie mit Hilfe von UV-Licht sichtbar und fotografieren schließlich das Ergebnis, um es mit einem vorgegebenen Standard zu vergleichen. Eine kurze Einführung in die Pharmaforschung bei Sanofi und ein Vortrag über Gentechnik ergänzen das Praktikum.

4.8.1 Steckbrief

Fächer:	Chemie, Biologie
Themen:	Gentechnik, Zellen, mRNA und tRNA, Gentherapie, Synthetische Biologie
Altersklasse:	12. und 13. Klasse
Wartezeitraum:	2x jährlich
Max. Teilnehmerzahl:	10 Klassen in 2 Durchläufen jährlich
Preis pro Person:	keine Angabe
Fahrtzeit ab MR Hbf:	Zug ca. 2h, Bus ca. 1,5 h
Materialien vorhanden:	Praktikumsbegleitende Broschüre auf der Homepage
Rolle der Lehrperson:	Betreuer/in
Besonderheiten:	-
Link:	http://www.sanofi.de/l/de/de/layout.jsp?cnt=150CE1E6-9F8E-4AB1-B384-05CA39D717C4

4.9 Grüne Schule Schülerlabor

Name: Grüne Schule Schülerlabor

Adresse/Ort: Karl-von-Frisch-Straße, 35032 Marburg

Kontaktdaten: Photosynthesekurs: deurer@staff.uni-marburg.de

Genetikkurs: klimczam@staff.uni-marburg.de

Beschreibung des Lernorts:

Die „Grüne Schule" des Botanischen Gartens Marburg verfügt über ein Schülerlabor mit ca. 20 Arbeitsplätzen, an welchen Photosynthese- und Genetikkurse für die Oberstufe angeboten werden. Er ist damit der erste und einzige Botanische Garten in Deutschland, der über ein eigenes Labor verfügt, welches sich neben eigenen Forschungsprojekten für die Bildungsarbeit einsetzt. Besondere Ausstattungsmerkmale des Labors sind zwei forschungstaugliche Spektralphotometer sowie ein Schüler-Spektralphotometer, ein Gaschromatograph sowie eine Geldokumentationskammer für molekulargenetische Untersuchungen.

4.9.1 Steckbrief

Fächer:	Chemie, Biologie, Biotechnologie
Themen:	Photosynthese (4 Themenmodule: Erkundung in den Gewächshäusern 90 Min als Vorbereitungsmodul; Blattpigmente, Photosynthese im Reagenzglas oder CAM als Laborpraxis)
	Genetik am Beispiel des Genetischen Fingerabdrucks (Molekularbiologische Methoden)
Altersklasse:	Oberstufenkurse
Wartezeitraum:	½ Jahr (genauere Terminübersicht im Internet)
	Achtung: Genetikkurse nur im Winterhalbjahr
Max. Teilnehmerzahl:	maximale Kapazität 22-23 SuS
Preis pro Person:	Photosynthesekurs inkl. Skript & Versuchsmaterialien 10-13€ p. S.
	Genetikkurs 200€ insgesamt → ca. 10€ pro SuS je nach Gruppengröße
Fahrtzeit ab MR Hbf:	Bus: Linie 7 - 20 Minuten → 10 Minuten Fußweg
Materialien vorhanden:	SuS erhalten ein begleitendes Skript mit Anleitungen, Informationen sowie Dokumentationsmöglichkeit der Ergebnisse wünschenswerte Voraussetzungen werden bei Kursbuchung per Mail zugeschickt
Rolle der Lehrperson:	überlässt die Lehre den Betreuern/-innen
Besonderheiten:	Anforderungen des Lehrplans Hessen werden berücksichtigt
Link:	https://www.uni-marburg.de/botgart/gruene_schule/schuelerlabor/index_html

5 Planungsbogen für den Besuch eines außerschulischen Lernortes

Name des außerschulischen Lernortes:

<u>Verortung im Lehrplan:</u>

Jahrgangsstufe:

Unterrichtseinheit & Stundenzahl:

Exkursion im Lehrplan erwähnt?   Ja ☐   Nein ☐

<u>Besuch des ASL (Methodischer Dreischritt):</u>
→ An welchem Zeitpunkt macht ein Besuch des ASL am meisten Sinn?
→ Welches Wissen & Können ist Voraussetzung für den Besuch?
→ Welche Kompetenzbereiche werden durch den Besuch des ASL gefördert?
→ Wie könnte eine angemessene Nachbereitung im Unterricht aussehen (inhaltlich & methodisch)?

<u>Vorteile / Nutzen</u>	<u>Schwachstellen / Probleme</u>

Literaturverzeichnis

Sauerborn, P. & Brühne, T. (2009). *Didaktik des außerschulischen Lernens* (2.Auflage). Baltmannsweiler: Schneider Verlag Hohengehren.

Gropengießer, H., Harms, U. & Kattmann, U. (Hrsg.) (2013). *Fachdidaktik Biologie* (9. Auflage). Hallerbergmoos: Aulis Verlag.

Staatliches Schulamt Landkreis Marburg-Biedenkopf (2015) [Quelle: https://schulamt-marburg.hessen.de/irj/SSA_Marburg_Internet?cid=06ed013246f021b84f0b15f11a60d315 – letzter Zugriff am 20.10.2015